KB056620

에곤 실레를 사랑한다면,
한번쯤은 체스키크룸로프

에곤 실레를 사랑한다면,
한번쯤은 체스키크룸로프(큰글자도서)

초판인쇄 2022년 9월 8일
초판발행 2022년 9월 8일

지은이 김해선
발행인 채종준
발행처 한국학술정보(주)

주소 경기도 파주시 회동길 230(문발동)
문의 ksibook13@kstudy.com
출판신고 2003년 9월 25일 제406-2003-000012호

ISBN 979-11-6801-613-2 03980

에곤 실레를
사랑한다면,
한번쯤은
체스키크룸로프

김해선 지음

이담
Books

차례

Once in Chesky Krumlov,
if you love Egon Schiele

01

에곤 실레의 오솔길

멀고 먼 스페인에서의
우연한 만남

몇 년 전 프랑스 남부 생장에서부터 스페인 북부까지 40여 일 동안 산티아고 순례길을 걸었다. 여정을 마무리한 뒤 잠시 들른 미술관에서 우연히 그림 하나를 만나게 되었다. 그리고 나는 그림 앞에 한참을 서 있었다.

에곤 실레의 그림이었다.

관에 들어 있는 그림 속 어린 소녀의 모습은 죽음보다 '살아 있다'는 표현이 더 어울렸다. 그 입술과 볼록한 작은 가슴의 주홍빛은 나에게 왠지 모를 애틋함으로 다가와 깊은 인상을 남겼다. 그림 앞을 떠난 후로도 그때의 감각에 나는 사로잡혀 있었고, 어느새 에곤 실레에 대해 알아보고 있었다.

내가 본 그림 외에도 에곤 실레가 그려낸 많은 소녀들의 그림을 찾아볼 수 있었다.

세 소녀
1911

이후 애틋함은 시간이 지날수록 설렘이 되어 나의 발길을 이끌었다.

나는 오래전부터 다른 나라에서 한 달 이상 살아봤으면 하는 막연함이 있었다. 낯선 곳의 공기와 그곳의 풍경이 자연스럽게 몸 안으로 들어와 서서히 익어가기를 기다리는 여행을 꿈꾸곤 했다. 그러나 여행을 좋아한다는 이유만으로 한 달의 시간을 내어 떠나기란 쉽지 않은 현실이었다.

이러한 나를 체스키크룸로프로 이끈 것은 에곤 실레의 주홍빛이었다. 관 속에 담겨 있는 메마른 소녀의 입술과 작은 가슴에 살아 있는 주홍빛을 그린 에곤 실레. 그가 살았다는 마을의 이야기를 듣고부터 설레기 시작했다.

중세의 모습을 그대로 간직하고 있는 마을, 체스키크룸로프.

며칠째 내린 눈으로 마을의 지붕과 길들은 흰 눈에 덮여 있었다. 이 중세의 마을에서 긴 겨울을 보내면서, 에곤 실레의 발자취를 찾아 마실 다니듯 걸어보는 것 또한 의미 있는 일일 것 같았다. 체스키크룸로프에서 머물렀던 에곤 실레는 어떤 풍경들을 보고 담았을지, 그가 남긴 그림을 만나는 일들이 기대되었다.

뽀드득 흰 눈을 밟아가는 발소리가 오랜만에 나를 만나러 가는 소리처럼 느껴졌다. 오래된 비투스 성당 앞의 돌길도, 성당 아래 후미진 골목길도, 마을을 휘감고 도는 블타바강 위의 돌다리도 하얗게 변해 있었다.

스보르노스티 광장
골목 뒤의 아트센터

체스키크룸로프에서의 시간을 온전히 느끼기 위해 40일의 시간을 예정하여 천천히 마을을 둘러보려고 했지만 에곤 실레의 생생한 발자취를 보고 싶은 마음이 나를 재촉했다. 에곤 실레 아트센터를 가기 위해 발걸음을 서둘렀다.

스보르노스티 광장으로 들어서자마자 보이는 경찰에게 아트센터 위치를 물어보니 아주 친절하게 알려주었다. 아트센터는 광장 바로 뒤에 있었다. 티켓을 끊고 라커룸에 가방을

맡긴 뒤 몸도 마음도 가볍게 2층을 거쳐 3층으로 올라갔다. 3층 왼쪽, 나무로 된 바닥과 벽의 좁은 통로를 지나자 에곤 실레의 사진들로 가득 채워진 방이 있었다. 어린 시절부터 성장 과정의 사진들이 잘 정리되어 있었다.

에곤이 이곳 체스키크룸로프에 살면서 그린 아이들, 자신의 몸, 연인이었던 노이즐의 몸을 스케치한 그림들이 한쪽에 있고, 다른 한쪽 벽에는 그의 연인들이 입었던 옷을 전시해 놓고 있었다. 주황색과 블랙의 줄무늬 원피스, 푸른색이 섞인 줄무늬의 롱스커트가 그 당시의 것인지 새로 재작된 것인지는 알 수 없지만 마네킹에 입혀진 채 에곤 실레의 사진 옆에 세워져 있었다.

그리고 수채화 몇 점도 걸려 있었는데, 이곳 체스키크룸로프 마을의 풍경을 그린 그림이었다. 블타바강을 배경으로 중세 체스키크룸로프 마을의 지붕들과 빨래를 널어놓은 모습들. 모두 큰 작품들이었다. 에곤 실레는 사람의 몸을 자기 나름대로 왜곡시켜 표현한 그림만 있는 줄 알았는데, 풍경화는 왠지 새롭게 느껴졌다. 크고 작은 집들을 끼고 지금도 예전과 같이 흐르는 블타바강 주변의 특징을 잘 살려서 그린 풍경화들이었다.

자세히 들여다보니 풍경화는 모두 복사된 사진임을 알 수 있었다. 진품이 아니네, 라는 생각이 순간 들기도 했지만 에곤 실레의 생애를 일대기처럼 한눈에 볼 수 있었고 그가 사람뿐 아니라 풍경화도 많이 그렸다는 사실을 알게 된 것만으로 아트센터 관람은 만족스러웠다. 혹자들은 이곳에 사진만 있어서 실망했다고 하지만, 나는 오스트리아 빈으로 가서 에곤 실레의 실제 그림을 보러 가게 되는 계기가 되기도 했다.

에곤 실레의 새로운 면들을 만나고 밖으로 나와 아트센터의 모습을 돌아보았다. 입구에는 에곤 실레의 사진이 정문 간판대에 부착되어 있었다. 동그란 두 눈과 이마의 굵은 주름 몇 가닥이 무엇인가를 골똘하게 생각하고 있는 느낌을 준다. 외벽에는 상반신의 근육이 돋보이는 에곤 실레의 모습, 개와 함께 있는 그의 부인 에디트의 모습이 가로로 부착되어 있었다.

문득 어딘가 이상하다는 생각이 들었다. 아트센터를 둘러보면 에곤 실레와 에디트가 결혼 직후에 찍은 사진이 있고, 에디트가 줄무늬 원피스를 입고 찍은 사진도 있었다. 하지만 그의 예술활동에 큰 영감을 준 연인들이 먼저 있었으며 특히 에곤 실레에게 많은 것을 헌신한 발리 노이즐을 빼놓고는 에곤 실레에 대해 얘기할 수 없다. 이곳 체스키크룸로프는 에디트와 결혼하기 훨씬 전에 노이즐과 함께 살았던 곳이다. 그런데 왜 에곤 실레와 에디트의 모습이 아트센터 벽에 그림으로 박혀 있는 것일까? 그저 에디트가 에곤의 부인이기 때문인 것일까?

아트센터 정면에는 한겨울인데도 짙푸른 아이비 덩굴이 한창이다.
바로 앞 마른 장미나무와는 대조적이다.

짙푸른 아이비 덩굴은 강렬했지만 27세라는 젊은 나이에 죽은 에곤 실레를,
마른 장미나무에 피어 있는 붉은 꽃송이는 에곤을 사랑했던 노이즐을 떠올리게 했다.

붉은 장미는 얼어붙은 채 말라가고 있었다.

에곤 실레 아트센터 건물은 처음엔 창고였다고 한다. 그리고 창고 이전에는 예술학교였다. 지나간 이야기는 때때로 재미있기도 하다. 세계2차대전을 일으킨 히틀러는 오스트리아 빈에 있는 예술학교에 원서를 썼다는 기록이 남아 있다. 만약 히틀러가 예술학교에 합격하여 예술을 배우고, 교육을 받아 예술가로서 살았다면 그의 인생관은 어떻게 변했을까 하는 생각이 든다. 하지만 히틀러는 2차대전을 일으켜 7년간 체코를 지배하게 된다.

이 마을은 큰 전쟁을 치렀음에도 훼손되지 않고 1,800년 전의 모습을 간직하고 있다. 체스키크룸로프 성도 그대로 보존되어 있다. 전해지는 이야기로 체스키크룸로프 성은 귀족들이 지배한 성으로, 마지막 성주는 독일 귀족이었다고 한다. 2차대전 때 독일군들이 이 마을을 지배할 때도 이러한 사실을 알고 성뿐만 아니라 마을도 훼손하지 않고 떠났다고 한다.

1911년도에 에곤 실레는 그의 모델 발리 노이즐과 이곳으로 이주하게 된다. 이곳 강가에 있는 집에서 그림을 그리고 평화롭게 살아가는 것 같았지만 에곤이 마을의 어린 소녀들을 상대로 누드를 그린다는 소문이 퍼지면서 문제가 되기 시작한다. 이 문제로 법정에 서게 되고 20여 일 구속되기도 한다. 결국 에곤 실레는 자신의 소중한 그림 한 점을 불태우고 마을로 돌아올 수 있었지만 오명과 불명예로 어머니의 고향인 이 마을에서 쫓겨난다.

이후 1993년, 마을에서 쫓겨난 천재 화가의 명예를 회복하고 에곤 실레의 예술을 높이 기리기 위해 오스트리아 정부와 체코 정부가 협의하여 세운 것이 이 아트센터이다. 지금은 세계 곳곳에서 수많은 사람들이 이곳을 찾아오고 있다.

체코의 오솔길

체스키크룸로프의 블타바 강물은 마을을 휘감고 돈다.

체스키는 체코어로 '보헤미안'의 뜻이 담겨 있다. 한곳에 정착하지 못하고 자유분방하게 옮겨 다니는 사람들을 흔히 '집시'라고 하는데, 체스키가 그런 뜻이라고 한다. 왠지 자유분방한 에곤 실레와 어울린다는 생각이 들었다.

'체코의 오솔길'이라는 뜻 또한 가지고 있는 이 마을은 강을 따라 걷다 보면 마을을 한 바퀴 돌 수 있는데, 정말 오솔길을 거니는 느낌이 든다. 블타바강을 포함한 마을을 오솔길이라고 부른다는 것이 신선하고 재미있었다.

에곤 실레는 그림에서 이 강물을 짙은 초록이나 검정으로 표현하곤 했는데, 과연 언뜻 보기에도 탁하게 느껴졌다. 블타바 강물은 지금도 1급수일 정도로 맑다고 하지만 강바닥에 있는 작은 돌들이 검붉은 색을 띠기 때문인 것 같다. 에곤의 검정은 그러한 이유에서, 그리고 초록은 한여름의 블타바강에 비치는 녹음이었는지도 모른다. 그리고 여기에 에곤만의 시각이 더욱 짙게 작용했을 것이다.

이곳의 지붕들은 모두 붉거나 주황색인데 에곤 실레는 자신만의 시각으로 지붕 또한 짙은 초록색과 검정으로 표현하였고 선은 아주 두껍고 진하게 그린 것이다. 에곤은 어떤 마음으로 마을의 색을 바라본 것일까. 나는 마을을 더 유심히 바라본다.

마을 입구에서도, 마을의 뒤에서도 잘 보이는 것은 체스키크룸로프의 성이다. 그리고 마을 중간쯤엔 이발사 다리가 있다. 아름다운 이발사 딸을 사랑한 귀족의 비극적인 사랑 이야기를 담고 있는 이발사 다리를 지나서 체스키크룸로프 성으로 올라간다. 성으로 올라가면 체스키크룸로프 마을을 망토 자락으로 감싸는 듯한 망토다리가 있다. 망토다리에서 내려다보면 드디어 강물이 마을을 휘감아 돌고 있는 모습이 한눈에 보인다.

이런 마을에 눈이 많이 오면 깊은 산 속에 묻혀 있는 기분이다. 차도 다니지 않고 길도 사라진 것 같은 적막감이 든다. 그러나 겨울의 강물 소리만은 세차다. 에곤 실레가 살았던 그때도 강물이 세차게 흘렀을 것이다.

체스키크룸로프의 구시가지 마을은 좁은 골목들이 많아서 복잡한 것 같았지만 시간이 갈수록 단순하다는 것을 알게 되었다. 매일 마실을 다니는 길이어서 더 단순한 길로 다가오기도 했지만 지루하지 않았던 것은 서서히 에곤 실레의 숨결이 느껴지는 시간으로 변해갔기 때문이었다.

언젠가 에곤 실레도 이 강가를 지나갔을 거라고 생각하며 계속 걸었다. 보헤미안 기질이 다분한 그는 어느 가을날 노이 즐과 함께 강가를 산책하면서 어떤 이야기를 나누었을지 생각해보았다. 그림을 어디에 어떻게 팔 것인가, 아니면 저녁에 무엇을 해서 먹을까, 그런 말을 주고받는다거나 만개한 들꽃을 꺾어 서로에게 던지며 장난치는 모습이 떠오르기도 했다.

욕망덩어리의 에곤 실레. 하지만 자신의 예술을 위해서 오로지 그리기에 열심이었던 에곤 실레와 노이즐이 무슨 말을 하며 걸었는지, 그들의 사실적인 이야기를 알아내고 그런 이야기를 받아 적으려고 온 것이 아닌데, 하는 생각이 들자 왠지 쓸쓸한 웃음이 나온다.

에곤 실레와 노이즐의 이야기가 서글프게 남아 있어서 어쩌면 그들의 생활이 더 궁금해진 것인지도 모른다.

집들로 된 만곡, 또는 고립된 도시, 1915

가느다란 눈발이 눈송이로 변한다.

그래도 오늘은 가랑비가 오지 않아서 다행이다.

며칠 사이 가랑비가 계속 왔다.

하늘은 회색으로 덮였고 겨울밤은 빨리·왔고, 길었다.

큰 눈송이들이 강물에 떨어진다.

내 걸음도 조금 빨라진다.

돌아보니 걸어왔던 길이 사라져 있다.

바로 눈 앞의 길도 눈송이가 덮고 있다.

안 보인다.

보이지 않는 길을 걸었다.

에곤 실레를 만나는
소심한 약속

매일 에곤 실레의 흔적을 찾아 마실을 다닌다. 그러면서 한 가지씩 해보자고 계획했던 작은 것들을 혼자 조금씩 해보고 있다. 나에게 큰 것을 요구하지 말고 바라지 말자고 서울에서부터 했던 약속이다.

나는 소심한 편이어서 어떤 계획을 해놓고 실행에 옮기지 못할 때 자괴감이나 자책감에 빠질 때가 더러 있다. 때때로 극소심증이 일어나기도 한다. 이렇게 혼자서 장거리여행을 떠나와서도, 한적한 들길이나 사람이 없는 산책로는 잘 가지 않는다. 혼자서 걸어갈 때면 누군가 뒤에서 목덜미를 잡아당길 것 같은 두려움 때문이다. 내 옷이 스치는 소리가 뒤에서 누군가 따라오는 소리 같기도 하고, 내가 걸어가는 발소리도 순간 남의 발소리처럼 느껴지기도 한다.

사람 많은 도심에서 활동하고, 매일 아침 사람들과 함께 운동을 하기도 하지만 동호회 같은 취미를 즐기지는 않는다. 많은 사람들 사이에서 홀로 존재하는 것이 내겐 어려운 일이었다. 나는 그저 나만의 공간에서, 혼자 노는 것이 가장 편한 것이다. 이런 나의 모순점들 때문에 작은 것 한 가지씩 보기로 마음먹은지도 모른다. 실천할 수 있는 것부터 차근차근 해보기로 했다.

점심 먹으면서 흑맥주 한잔 마셔보기, 가지 않았던 골목길 걸어보기, 매일 일기를 쓰고, 강렬한 한 줄 써보기, 부치지 않을 손편지 써보기, 내 안에 생기는 미움을 체스키크룸로프의 흰 눈 속에 남겨두기, 저녁에는 식탁에 양초 두 개 켜기, 스트

레칭하기 등 내가 할 수 있는 것만 정해서 하다 보니 재미도 생기고 깨알 같은 성취감도 싹트기 시작했다.

아트센터에 가서 산 것들을 펼쳐놓고 이것저것 살펴보기도 한다. 역시나 대부분 에곤 실레에 관한 것들이다. 에곤 실레의 엽서들과 복사본 그림, 작은 수첩, 연필 등이다. 새로운 기분이 든다. 작은 수첩에 메모가 가득 차면 다시 새 수첩을 사러 아트센터에 갈 것이다.

나 자신과의 약속 지켜가면서 나도 모르게 에곤에 관련된 것들을 찾고 있는 나를 발견할 수 있었다. 무의식중에도 에곤에게 한 발짝씩 가까이 가고 있는 것 같았다.

02

—

예술적 감성을 지켜준 존재

부유하지만
불행했던 시절

　에곤 실레는 1890년 오스트리아 동북부 툴른에서 툴른역
장인 아버지와 체스키크룸로프 출신의 어머니 사이에서 태
어난다. 그의 할아버지도 철도원 기술자로서 안정적인 삶을
살았고, 아버지 또한 중산층의 생활을 유지했다.

　에곤 실레의 아버지는 그에게 많은 영향을 끼쳤다고 보여
진다. 그러나 유쾌한 영향은 아니었을 것이다. 에곤의 아버지
는 그림을 반대했기 때문이다. 기차를 그리는 에곤의 스케치

북을 불 속에 던져버렸다는 이야기도 있었으니 말이다. 더욱이 매독을 앓고 있었던 아버지는 병이 악화될수록 점점 광폭해져 그에게 큰 충격을 주었을 것이다.

아버지의 매독균은 에곤 실레보다 먼저 태어난 형제가 일찍 죽은 원인이라고 전해지는데 누이와 형의 죽음, 아버지의 광기. 이러한 환경 속에서 그는 자주 우울감에 빠져들었다.

그러던 어느 날, 에곤 실레가 밖에서 스케치를 하고 돌아왔을 때 그의 아버지는 죽어 있었다. 철도원의 제복을 입고 반듯하게 누워 죽음을 맞이한 아버지를, 에곤은 그저 구석에 앉아 가만히 바라보았다. 그의 나이 14살이었다. 가만히 보고 있는 것이, 14살의 에곤이 할 수 있는 최대한의 애도 방식이었다.

아버지가 돌아가신 후, 그의 어머니는 빈에 있는 미술학교로 그를 보냈다. 다만 미술학교를 보낸 어머니조차 에곤 실레의 미술세계를 온전히 이해해준 것은 아니었다. 빈의 미술학교로 보내면서도 모자관계는 그리 따듯하게 이어지지 않았던 것이다. 어쩌면 에곤 실레와 그의 어머니는 늘 서로 의견

이 일치되지 않은 채 서로 다른 꿈을 꾸었는지도 모른다.

엇갈린 채 흘러버린 시간 속에서 에곤 실레의 어머니는 아들의 결혼식에 참석하지 않았고, 에곤 실레는 자신의 아내 에디트가 위독한 상황에서도 어머니에게 알리지 않다가 그녀가 죽기 3일 전에야 소식을 전한다.

이렇듯 그의 유년 시절은 그렇게 행복하다고 말하기 어렵다. 하지만 에곤 실레, 그는 자신의 전부였던 그림을 부정한 아버지에게조차 적개심보다는 사랑하는 마음이 더 컸다고 하고 있다.

자신이 좀 더 안정적인 직업을 가지고 안락하게 살기를 바라는 것이 아버지의 마음이었다는 것을 이해한 것일까. 아무튼 아버지에 대한 그리움은 삶의 격랑의 한 지점을 외치듯 에곤에게 투영되곤 했다.

에곤 실레는 자신이 아버지를 얼마나 사랑하고 그리워하는지 사람들은 모를 거라고 했다. 아버지를 떠올릴 수 있는 장소에 자주 찾아가, 아버지의 죽음을 경험한 고통과 부재의 상실감을 그림과 시로 표현했던 것이다. 그래서인지 그의 그림에는 죽음과 묘지, 말라 있는 나무들이 많이 등장한다. 이것은 에곤 실레의 예술적 감각을 대변하는 하나의 특징이 되기도 했다.

　비록 행복하진 않았지만, 에곤 실레의 삶과 예술을 만들고, 지탱하고, 펼칠 수 있게 해준 원동력은 아버지의 충격적인 죽음과 부재가 준 결핍에서 시작된 것이 아닐까. 그는 황폐해진 아버지의 기억이 너무 힘들고 괴로워서 자신의 뼈로 자신만의 예술세계를 만들었을 것이다. 독특한 색깔과 남다른 틀을 세워갔다. 텅 빈 아버지의 부재가 에곤 실레의 뼈를 단단하게 만들어준 것인지도 모른다. 어린 나이에 맞닥트린 죽음이 그의 뼛속에 박혀 삶 안에서도 죽음이 스며 있는 그의 그림들은 모순적이나 대체적으로 자연스러운 것 같다.

필름 속의
에곤 실레

스페인 마드리드의 어느 미술관에서 만났던 관 속의 소녀 그림과 '욕망이 그린 그림' 에곤 실레의 영화는 내가 에곤 실레의 작품 세계를 찾아보고 공부하게 되는 단초가 되었다고 볼 수 있다.

영화에서도 그렇고 아트센터에서 에곤 실레의 누이동생 게이티 실레의 그림과 사진을 보며 에곤과 게이티가 남다른 우애를 가지고 있음을 느낄 수 있었다. 아직까지 남아 있는 근친

관계였다는 말들이 실제인지는 모르겠지만, 에곤 실레의 예술 활동을 탐탁지 않게 여기는 아버지와 어머니 사이에서 누이동생 게이티는 에곤 실레가 꿈을 놓지 않도록 도와준 존재였다.

에곤 실레의 생애를 다룬 영화 '욕망이 그린 그림'에서도 가장 먼저 모델이 되어준 사람이 누이동생 게이티 실레였다. 모델뿐 아니라 에곤 실레를 이해해주는 유일한 말동무이자 친구 같은 존재였다. 에곤 실레의 발자취와 조각을 따라 여행길을 나서기 이전에 접했던 영화 속에서도 게이티의 존재는 내가 느낀 것과 비슷한 역할이었다. 불행하게 죽은 아버지와 눈앞에 닥친 가난 속에서도 에곤 실레에게 따뜻한 온기를 느끼게 해준 사람. 에곤의 입장을 이해해주며 에곤과 자주 얘기를 나누는 게이티 실레의 모습이 따뜻하게 느껴졌다.

영화 속 에곤 실레의 모습은, 그의 천재적인 면과 가족관계보다는 에곤 실레에게 영향을 끼친 여자들과 그의 친구들, 예술을 논하고 즐기는 장면이 더 많았다. 그 속에서 그려지는 에곤의 깊은 눈동자와 날카로운 콧날은 예술적 감성으로 충

만해 보였다.

에곤 실레는 일찍이 예술에 대한 인식이 깨어 있었던 것 같다. 기존의 예술 방식에서도 탈피하고자 했던 욕망이 강했다. 뜻이 맞는 친구들과 권위적인 오스트리아의 전통 화단에서 벗어나 신예술가 그룹을 만들고, 자신만의 방식으로 그림을 그렸으며, 즐겼다.

새로운 세상에서 자신만의 세계를 구축하며 어쩌면 에곤과 게이티의 남다른 우애는 조금 멀어졌을지 모른다. 게이티는 에곤 실레와 뜻을 함께하던 안톤과 나중에 결혼하게 되고, 에곤 실레는 자신의 운명과 열정을 쏟아낼 뮤즈를 만난다.

에곤 실레는 그에게 주어진 시간을 가장 잘 살아가는 화가였다. 누이동생 게이티 실레의 반누드를 드로잉할 때도 에곤은 최선을 다했으며 모아 만두를 만나 사랑에 빠질 때에도, 발리 노이즐을 만나서 함께 살 때에도, 에디트를 향해 구애할 때에도 에곤은 그 시간을 사랑했고 열심히 그림을 그렸다. 오로지 그림을 위해서 사랑했고, 사랑을 위해서 그리는 것만 같았다.

'발리, 네가 필요해. 너는 나에게 많은 영감을 줬어. 떠나지 마.'

이후 에디트와 결혼하면서도 노이즐을 붙잡는 에곤 실레의 모습을 보며 때로 그의 사랑은 이기적인 욕망 덩어리로 느껴지지만, 맹목적일 만큼 자신의 예술을 위해 사랑을 하는 그의 모습과 그림은 무엇보다 솔직하고 순수하게 느껴지기도 했다.

자화상, 1910

에곤은 자신의 몸을 예술적 도구로서 표현했고,

때로는 혹독한 겨울 속으로, 또는 짙은 여름 속으로,

나무처럼 자유롭게 뻗어나고 휘어지도록 그렸다.

광적인 몸부림, 몰락 끝의 죽음 같은 것은

삶과 죽음이 함께하는 에곤의 근원점이다.

하지만 그는 이 모든 것을 사랑했기에

그의 그림은 생명의 탄생 안에서도 죽음이 스며 있고,

죽음 속에서도 앳된 생명의 온기를 느끼게 해준다.

03

거칠고 대담한 에곤 실레의 자아

손으로
드러난 표정

오늘도 이곳 에곤 실레 아트센터를 다시 찾아 엽서와 사진을 구경하고 사고 싶은 것들을 샀다. 대부분 에곤 실레의 다양한 표정을 볼 수 있는 인물사진과 엽서들이다.

에곤 실레의 사진이나 그림을 보면 그의 손과 손가락들의 표정에 집중하게 된다. 그는 손으로 무언가 말하고자 하는 것 같다. 특히 자신의 사진에서도 손가락과 표정으로 독특하고 강한 개성을 나타내고 있는데, 이 개성이 그의 그림에선 풍경은 뭉개지게 그리거나 희미하게 표현되고 손가락만은 선명하게 표현되곤 한다.

밖에는 눈발이 날린다. 나는 엽서와 사진들을 봉투에 담아 자주 가던 카페로 갔다. 뜨거운 라테를 마시면서 다시 엽서를 펼쳤다. 천천히 에곤 실레 손의 표정들을 살폈다.

손가락을 펴서 손을 부각시키거나, 약간 구부리고 반쯤 앉아 있는 듯한 근육질의 뒷모습만 보이는 엽서는 1912년에 그린 '바람 속의 가을 나무'를 떠오르게 한다. 오른쪽으로 구부려져 있다가 타원형을 그리면서 왼쪽으로 휘어지는 나무에서부터 손가락들의 표정도 그 근원을 갖게 되지 않았을까 하는 생각이 들곤 했다.

특별한 근거는 없지만, 그의 그림이나 사진에 나타나 있는 손가락은 하나의 나뭇가지이자 하나의 뿌리라는 생각이 들었다.

나무의 몸은 우리의 몸뚱이처럼 몸체와 나뭇가지를 지니고 있다. 에곤 실레 또한 손을 나무의 가지처럼 생각한 것인지, 손을 하나의 생명체, 새로운 개체로 여기며 표정을 짓게 하고 있다는 생각이 든다. 손의 표정은 때로는 자연스럽게, 때로는 에곤 실레의 몸짓처럼 왜곡되어 보인다.

에곤 실레의 손의 표정을 보면 구불거리는 나무들이 연상된다. 바위벽에 서 있는 나무, 오른쪽으로 굽어지다가 왼쪽으로 휘어지며 타원형을 이루는 나무의 모습이 스쳐 간다.

그의 작품에선 몸이나 얼굴, 나무를 그릴 때 늘 뒤틀리고 몰락하는 분위기가 드리워 있다. 푸르고 싱싱한 것보다는 병색이 짙고 쇠퇴해가는 것에 집중하고 있는 것이다.

에곤은 작품을 스케치하면서 메모도 많이 했는데, 그 메모에서도 말하고 있다.

'살아 있어도 모든 것은 죽는다. 꽃은 피고 있어도 시들고 있다.'

인생 다 산 사람 같은 선문답이지만 에곤의 무의식이 생의 본질적인 죽음에 가 닿아 있는 것이 아닐까 생각하게 하는 글이다.

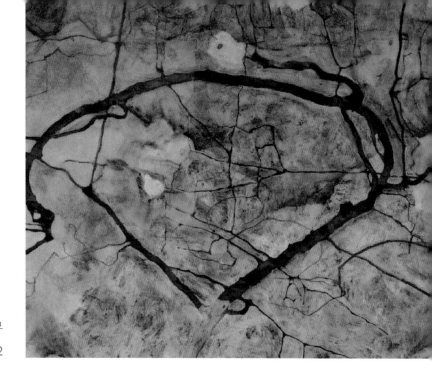

바람 속의 가을 나무
1912

깍지 낀 양손을
들고 있는 여인의 뒷모습
1917

줄무늬 소매를 입은 자화상, 1915

이런 움직임은 인체에 어떻게 적용되었을까. 에곤 실레의 짧은 머리카락은 주황색이다. 불거진 광대뼈와 동그랗게 뜨고 있는 눈가, 입술도 주황색이다. 목에 잡힌 주름 사이사이도 펼쳐진 손가락의 매듭도 주황색이다. 오른손에는 돋아나 있는 솜털도 보인다. 실 같은 매듭 한 줄을 차고 있는 오른팔이 몹시 가늘다. 왼쪽으로 약간 기울인 얼굴은 갸름한 계란형으로 묘사되어 있다. 입술도 왼쪽은 다물고 있고 오른쪽은 살짝 벌린 듯 떠 있다. 목이 길다. 에곤 실레가 입고 있는 상의는 연한 카키색이다. 어깨 부분은 줄무늬가 가로로 되어 있다.

에곤 실레는 손으로, 손가락으로 표정을 짓는다. 그의 그림에선 손의 위치나 표정들이 다양하다. 나무에서 뻗어 나온 가지들이 모두 같은 방향으로 움직이지 않듯이, 하나의 몸에서 표현되는 것이지만 그는 온몸을 사용하여 제각각 자신만의 표정을 짓고 있다.

그는 자기 자신뿐 아니라 어린아이들도 많이 그렸다. 가난한 아이들, 비쩍 마른 아이들, 사춘기에 막 접어든 아이들을 주로 그렸다. 가난하고, 집에서 매질을 당하고 돌아다니는 아이들의 눈빛에서 상처를 발견한 에곤은 그 눈빛에 깃든 순수한 영혼, 슬픔이 묻어 있는 영혼을 그리고 싶어 했다.

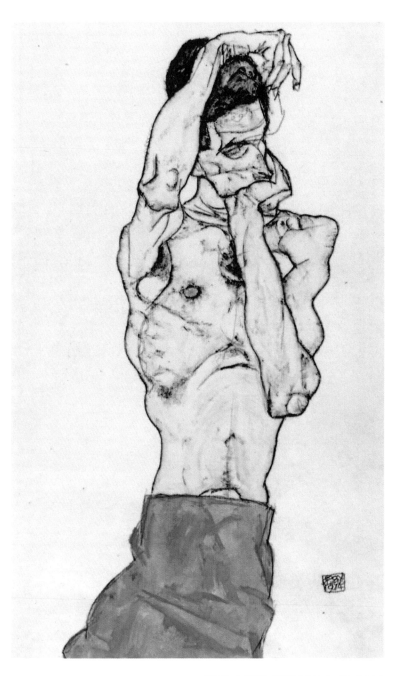

빨간 수건을 두른 남성 누드, 1914

고뇌에 찬 두 팔과 어깨.

턱을 받친 왼손과 눈빛에서 많은 목소리를

떠안은 침묵이 흘러나온다.

가슴팍의 젖꼭지가 마치 눈동자처럼

눈을 동그랗게 뜨고 있다.

알 수 없는 가슴속 소리와 침묵을

듣고 있는 눈동자 같다.

근육과
주홍빛의 뿌리

　에곤 실레의 자화상이나 몸의 근육들을 그린 그림을 보면 나무에 이어 그 뿌리까지 생각하게 된다. 땅속 깊이 뻗어가는 뿌리. 때로는 땅 위로 올라와서 그 옆에 있는 나무나 잡풀까지 감고 뻗어가는 뿌리를 연상시킨다.

　그의 뿌리는 붉은 주홍빛이다. 몸속에서 뻗어 나오는 그의 뿌리는 붉은 핏줄처럼 꿈틀거린다. 뒤틀리고 왜곡된 형상을 통해 마치 움직이는 듯한 역동성을 보여주는 것 또한 특징이다.

주홍빛의 뿌리는 에곤 실레의 본질인지도 모른다. 땅 위로 솟아오른 나무가 아름드리나무로 성장하기 위해서는 뿌리를 깊게 내려 아주 먼 곳에 있는 물줄기를 빨아들여야 끄떡없다. 나무의 뿌리가 그러하듯 에곤 실레는 인간의 내면 속으로 끝없이 뻗어가고 싶어 하고, 내면 밖으로도 거침없이 뻗어가며 욕망과 사랑, 분노와 불안, 끝없는 고독의 본질을 표현하고자 한 것이 아닐까.

에곤 실레는 2,400여 점 이상의 그림을 남겼다. 그중 대부분이 남녀노소의 누드 그림이다. 보기 민망하리만치 리얼하게 펼쳐진 육체에 대해 혹자들은 성욕에 대한 욕망이라고 단편적으로 말한다. 하지만 세기말 빈 사회는 성적으로 퇴폐적인 분위기가 만연했다고 한다. 성에 탐닉하고 있으면서도 겉으로는 도덕적인 척하는 이중적인 사람들 속에서 에곤은 과감하고 솔직했다는 관점도 있다.

체스키크룸로프의 겨울 나무들은 에곤과 닮아 보인다. 그의 내면에 자리하고 있는 삶과 죽음의 복잡함이 메마른 가지에

멈춰 있는 눈과 빗방울처럼 차가운 바람에 흔들리고 있다. 구불거리는 나무들이 에곤의 근육과 뿌리를 생각나게 한다.

에곤 실레의 그림에서는 엑기스처럼 주홍이 사용되고 있는 것을 자주 발견할 수 있다. 체스키크룸로프의 풍경 속에서 지붕이나 빨래 중간중간에 포인트로 사용된다거나 오스트리아 레오폴드 미술관에 전시되어 있는 '꽈리가 있는 자화상'에서 주홍색의 꽈리가 쓰이는가 하면 에곤은 그가 만났던 여성들의 원피스 줄무늬 같은 것에 주홍색을 넣기도 했다.

체스키크룸로프의 풍경만 보더라도 이곳의 지붕들은 모두 주황, 빨강이지만 에곤 실레는 실제 그대로 표현하지 않고 진한 녹색, 어두운 갈색 등으로 주홍의 어두움과 밝음을 자신만의 방법으로 적절히 표현했다고 느껴졌다. 인물의 누드 사진에서 음부와 젖꼭지의 색상을 주홍으로 표현한 것 또한 그만의 시야에서 포인트를 표현한 것이다.

포옹, 1917

에곤 실레가 자신의 몸이나 사람들의 인체 작품을 볼 때는, 몸을 구성해가는 뼈와 세포, 표정까지 세부적으로 그려가는 에곤의 손길이 느껴지기도 했다. 시체의 냄새를 맡으며 몸 구석구석까지 만지고 조사하는 어느 형사나 탐정가의 손길처럼, 민첩하게 움직이는 손가락들이 잠시 멈췄다 빠르게 움직이는 듯한 생각이 들기도 했다.

에곤 실레는 당시 외설적이라는 많은 비난을 받았고 법적으로 구속된 적이 있다. 그러나 그의 강렬한 선과 독창성은 시간이 갈수록 빛을 발산하였고, 그 빛은 보는 사람으로 하여금 오래도록 그의 그림 앞에 서 있게 하는 힘을 갖고 있다. 많은 예술가들에게 영감을 주고 그들이 끊임없이 각자의 새로움을 창조할 수 있는 영향력을 끼치고 있다.

에곤 실레의 그림은 내면에서 끓어오르는 알 수 없는 저항과 연민을 동시에 불러일으키는 묘한 기류가 흐른다.

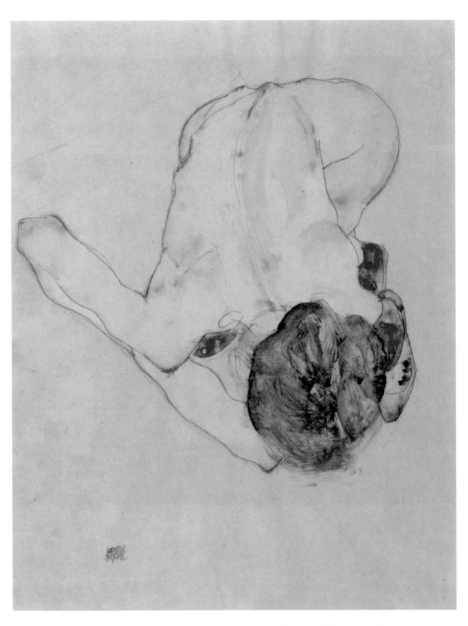

앞으로 몸을 숙인 여성 누드, 1912

자기성찰자, 또는 죽음과 남자, 1911

그의 작품에선 몸이나 얼굴,

나무를 그릴 때 늘 뒤틀리고 몰락하는 분위기가 드리워 있다.

푸르고 싱싱한 것보다는 병색이 짙고 쇠퇴해가는 것에 집중하고 있는 것이다.

에곤은 작품을 스케치하면서 메모도 많이 했는데, 그 메모에서도 말하고 있다.

'살아 있어도 모든 것은 죽는다. 꽃은 피고 있어도 시들고 있다.'

인생 다 산 사람 같은 선문답이지만 에곤의 무의식이 생의 본질적인

죽음에 가 닿아 있는 것이 아닐까 생각하게 하는 글이다.

검은 강의
풍경

.

에곤 실레는 주로 인물만을 많이 그린 줄 알았다. 에곤 실레 하면 떠오르는 이미지와 작품은 그의 주변 인물들, 그리고 자신의 자화상 같은 것이기 때문이다. 그러나 이번 여정을 통해 에곤 실레는 풍경화 또한 적지 않게 그렸다는 것을 알게 되었다. 특히 체스키크룸로프로 온 뒤의 에곤 실레는 풍경화를 더욱 많이 그렸다고 느껴졌다.

에곤 실레의 풍경화를 보는 것은 새로운 기분이다. 그의 새

로운 일면을 보는 것 같다고 해야 할까. 이곳 체스키크룸로프
는 18세기 이후 증축하지 않았다고 하니 그가 보았던 당시의
풍경과 지금 내가 보는 마을의 풍경은 시간의 흔적을 제외하
면 같은 모습일 것이다. 빨갛고 주황인 지붕들 사이 작은 굴뚝
에서는 지금도 언뜻언뜻 연기가 흘러나오는 것을 볼 수 있다.

'빨래가 널린 집'은 블타바 강물에서 빨래한 옷가지들을 널
어놓은 모습을 선명하게 그려놓고 있다. 비슷비슷한 빨래들

이 빨랫줄에 늘어져 있다. 처마 밑에 줄을 치고 흰 빨래, 검정 양말, 주황색 치마가 널려 있고, 창 아래 철망에도 빨래가 널려 있다. 나무토막으로 빨랫줄을 세운 담벼락 밑에도 검정 나무토막으로 빨랫줄을 세워놨다.

바람이 없는 날인가 보다. 빨래들이 땅에 떨어지지 않고 제자리에서 마르고 있다. 누런 나무 잎사귀를 보아 햇빛이 좋은 어느 가을날이라고 짐작해본다. 볕 좋은 가을 햇살을 받으며 강변을 걷다가 빨래가 마르는 이 풍경을 마주쳤을 에곤 실레의 모습도 상상해본다.

지금 내 옆을 흐르는 강물 또한 나에게 친근하다. 폭이 넓지도 않고 깊이가 깊지도 않은 이 블타바강은 내가 어려서 멱을 감고 놀았던 시골마을의 냇가 같은 느낌이 들었다. 1년 내내 마르지 않고, 크게 달라지지도 않는 속도로 흘러가는 강물에서 사람들이 빨래하고, 목욕하는 이 강가의 변을 에곤 실레도 많이 걸었으리라.

이곳의 강물은 에곤 실레의 그림과 시에서 '검은 강물'로 표현되었다. 다만 에곤 실레는 강가에서 놀고 있는 아이들이나 빨래하는 여인들의 모습은 그리지 않았는데, 사람의 모습 없이 풍경만을 그린 것 또한 그에게 어떤 의도가 있지 않을까 짐작해본다.

이 마을이 생기기 전부터 흐르고 있었을 블타바 강물은 체코 프라하의 카를교를 지나 멀리 독일의 엘베강으로 흘러간다고 한다. 강물은 이 마을에서 시작해서 아주 먼 곳까지 가고 있다. 에곤 실레의 그림에 깃든 정신과 숨결도 수많은 국경을 넘어 강물보다 더 멀리 멀리 가고 있다.

오래된 물방앗간, 1916

세차게 흐르는 블타바 강물.

체스키크룸로프의 강물은 1급수인데,

강바닥에 깔려 있는 돌멩이에 검고 붉은

기운이 돌기 때문에 강물이 검게 보인다.

마을을 휘감고 도는 이곳의 강물 소리가 세차다.

방 안에 가만히 있으면 굼실거리며 흘러가는

강물이 다리를 지나 체스키크룸로프 성

아래로 흘러가는 소리가 들리는 듯하다.

에곤 실레는 이 마을에 와서 행복한 순간도 많았지만 예상하지 못한 역경의 시간도 있었다. 아이들을 즐겨 그리곤 했던 그는 사춘기 소년소녀들의 불안한 눈빛이나 악동 같은 아이들에게서 순진한 눈빛을 발견하는 순간을 놓치지 않고 그렸다. 하지만 동네에서 아이들의 누드를 그린다는 소문이 퍼지기 시작한다. 에곤 실레는 꼼짝없이 범죄자가 된다.

에곤 실레는 무죄를 주장했지만 결국 법적으로 구금되고 만다. 곧 풀려나긴 하지만 마을에서 불명예를 안고 쫓겨난다. 그의 삶에 있어 아버지의 죽음 다음으로 가장 힘든 시간이었을 것이다. 그는 돈은 없었을지언정 자신의 예술에 대한 긍지와 자부심이 하늘을 찌를 듯 높은 사람이었다. 그러나 아이들을 대상으로 포르노를 그렸다는 소문에 곤욕을 치른 에곤 실레는 깊은 좌절과 무력감으로 절망했다.

04
—
✕

에곤 실레, 운명의 세 여자

모아 만두

에곤 실레 아트센터에는 에곤의 어린 시절 가족사진, 에곤의 여자들 사진이 전시되어 있었다. 이런 사진들을 통해서 그의 성장 과정을 짐작할 수 있었다.

에곤에게 영향을 끼친 여자들은 네 명으로 분류되어 있었다. 누이동생인 게이티 실레, 무명배우 모아 만두, 발리 노이즐, 에곤과 결혼한 에디트가 그 네 명이다. 그중 무명배우이면서 댄서인 모아 만두가 가장 먼저 눈에 띄었다.

빈 예술학교를 다니던 에곤 실레는 학교에서 조롱거리이자 문제아로 낙인 찍혔다. 자신의 그림을 인정해주지 않는 학교를 박차고 나와 뜻이 맞는 친구들과 기존 아카데미에 반기를 들고 '신예술가 그룹'을 결성하면서 꿈 많은 무명배우이며 댄서인 모아 만두를 만나게 되었다고 한다. 모아 만두는 몹시 능동적이고 적극적인, 현대적인 여성이었다. 경제적으로 가난하고 가진 것 없어도 예술의 긍지만큼은 하늘을 찌르던 에곤 실레의 당당함에 맞서 큰 무대에 자신의 존재를 펼치고 싶은 욕망의 뮤즈였다. 그중 하나의 일화로 자신을 모델로 그린 그림에는 자신의 이름을 넣어달라고 요구하기도 했다. 모아 만두를 그린 그림에는 모두 '모아'라고 표기되어 있다.

발리 노이즐과 함께 살기 전의 체스키크룸로프에 와서 그림을 그렸다는 사실은 에곤의 영화를 보고서 알았다. 젊은 예술가들이 자유스럽게 지내며 그림을 그리던 영화의 장면들이 스쳐갔다. 그들이 잠시 살았던 곳이 혹시 여기일까, 좀 더 허름한 집이었을까, 생각하며 골목을 걸었다.

모아 만두, 1911

발리 노이즐

노이즐은 에곤 실레에게 자신의 모든 것을 바치고 희생한 여자였다. 처음엔 클림트의 모델이었지만 에곤이 미성년자들을 모델로 세워 세간에 말이 많아지자 그를 아끼던 클림트가 에곤 실레에게 보낸 모델이었다.

에곤 실레와 가장 오랜 시간 함께한 연인이며 모델이자, 에곤 실레를 도와주는 조력자였다. 에곤 실레가 어떤 난처한 몸짓을 요구해도 그의 예술을 위해서 기꺼이 포즈를 취해주며 에곤과 사랑하며 살아가는 데 모든 것을 바친 여자. 살림과 모델 일을 함께하며 열심히 살았던 사람이 발리 노이즐이다.

에곤 실레 아트센터에 있는 여러 사진 중에는 발리 노이즐의 실제 사진도 있다. 에곤 실레의 그림에서 보여지는 적나라한 몸짓이나 표정과는 다른, 정장을 입은 장신구 하나 없는 심플한 모습이었는데, 노이즐과 에곤 실레 두 사람의 모습은 현대와 비교해도 손색이 없을 만큼 세련돼 보였다.

사진을 보면서 두 사람의 가장 좋은 시절이 아니었을까, 하는 생각이 들었다, 경제적으로 궁핍해서 에곤 실레의 그림을 팔아서 생활했지만 체스키크룸로프에서 비교적 두 사람은 행복한 시간을 보냈을 것이라고 짐작했다. 에곤 실레의 사랑을 가장 많이 받았던 체스키크룸로프에서의 시간을, 발리 노이즐은 지금도 그리워하고 있을지 모른다.

푸른 스타킹의 여자, 1912

에디트 하룸스

에곤 실레가 노이즐과 헤어지고 결혼한 여자가 에디트 하룸스이다. 에곤의 작업실 건너편에 살던 에디트는 부유한 집의 딸이었다.

에곤은 일찍이 자신의 그림만으로는 궁핍한 생활을 벗어날 수 없다는 것을 잘 알고 있었을까, 아니면 하루라도 빨리 궁핍에서 벗어나 자유스럽게 그림에만 몰두하고 싶었던 걸까, 아니면 자신의 사랑을 찾아간 것일까.

확실한 건 세상을 살아가면서 돈 앞에 자유로울 사람은 많지 않을 것이며 누구보다 영리하고 진보적이었던 그는 자신이 그린 그림들로 전시회를 열어 미술계에 입지를 굳히고 싶은 생각이 컸다.

에곤 실레는 에디트의 마음을 얻기 위해 적극적으로 구애했다. 계속해서 연애편지를 보냈는데, 이때 연애편지를 심부름한 사람이 발리 노이즐이다. 어떤 면에서 보면 노이즐에게 잔인한 상황일 수 있으나 또 다른 면에선 노이즐이 에곤 실레의 예술적 감성과 자유로운 영혼을 이해하고 배려하며 살았다는 것을 알 수 있다. 하지만 구애 끝에 에곤 실레가 에디트의 마음을 얻게 될 즈음, 이별을 직감한 발리 노이즐은 그들을 떠난다.

그렇게 에디트는 에곤 실레와 가정을 이루게 된다. 다만 당시 전시 상황인 데다 에디트의 부모님은 에곤 실레를 탐탁지 않게 여겼기에 에디트가 커튼을 뜯어 결혼식 드레스를 만들었다는 후문이 전해질 정도로 두 사람은 서둘러 결혼한다. 아무튼 에디트 역시 에곤 실레에게 여러 면에서 많은 도움을 준 여자이다. 에디트와 결혼한 이후, 에곤 실레는 군 복무 중에도 전시회를 열어 자신의 예술활동에서 큰 성과를 거둔다. 오스트리아 사회에 큰 변화를 일으킬 만한 명성을 얻게 된 그는 경제적 궁핍에서 벗어나 에디트와 여유로운 생활을 할 기반을 만들게 된다. 갓 결혼한 에곤 실레와 에디트에겐 가장 좋은 시절이었을 것이다.

앉아 있는 에디트 실레, 1915

05

흰 눈 속의 오스트리아와 에곤 실레

또 다른 에곤 실레를
만나기 위해

체스키크룸로프를 여행한 지 20여 일이 지나고 한 달이 가
까워지자 이유 없이 마음이 가라앉는 듯한 기분이 자주 들었
다. 혼자 하는 긴 여행에서 오는 약간의 우울감 같은 것이었
다. 마침 마을 안에 있는 여행사를 발견하게 되었다. 오스트
리아 헝가리, 독일, 폴란드를 오고 가는 벤이 있었다.

그동안 아트센터에 갈 때마다 보았던 사진 위주가 아닌, 에
곤의 진짜 그림이 보고 싶던 차였다. 나는 오스트리아 레오폴

드 미술관으로 방향을 잡고 그 자리에서 예약을 했다.

체스키크룸로프에서 빈까지는 3시간 정도. 3박 4일 일정으로 오스트리아 빈에서의 미술관여행을 떠나기로 마음먹었다. 왠지 모를 우울감은 말끔하게 사라지고 기분이 맑아졌다. 에곤 실레의 그림들을 천천히 보고, 천천히 읽어가자. 마치 살아 있는 에곤 실레를 직접 만나러 가기라도 하는 양 설렘이 밀려왔다.

빈으로 가는 날은 다른 날보다 더 일찍 일어났다. 뜨거운 커피에 우유를 듬뿍 넣은 라테를 만들었다. 9시에 집 앞으로 여행사 벤이 오기로 했는데, 시간은 아직 7시 20분이었다. 겨울 아침은 쌓인 눈 속에서 더 고요했다.

여행 중에 또 다른 여행을 찾아서 떠나는 아침은 섬 속에 있는 또 하나의 비밀의 섬을 찾아가는 것처럼 가슴이 두근거렸다. 조심스럽게 비밀을 찾아보겠다는 마음으로 9시 10분 전에 문을 열고 나갔다. 차가운 공기는 신선했다.

예정대로 도착한 벤에는 남학생 둘, 딸 둘과 여행하는 엄마가 타고 있었다. 두 딸과 어머니는 체스키크룸로프에서 하룻밤 자고 빈으로 가서 독일로 향할 것이라 했고, 남학생 둘은 헝가리로 간다고 했다. 나는 40여 일 이곳에서 놀고 있다고, 빈에서 3박 4일 여행 후 다시 체스키크룸로프로 돌아올 것이라 하자 모두 놀란다. 40일 동안이나 이 작은 도시에 볼 게 뭐 있느냐는 의아한 눈빛과, 혼자서 오랫동안 여행한다는 것에 대한 약간의 부러움이 담긴 눈빛이었다.

이런저런 얘기를 하다 보니 벌써 빈 시내로 접어들었다. 서로의 안녕을 빌면서 나는 다시 혼자가 되었다.

빈의 레오폴드
미술관

나는 그림에 대해서 잘 모른다. 그림의 사조에 대해서는 더욱 모른다. 하지만 그림을 그린 화가의 일대기나 배경들을 알고 감상했을 때 느낌이 훨씬 풍부하게 다가왔으며 그 순간의 떨림들은 시간이 지나도 가슴 안에서 어떤 울림으로 남아 있는 것을 경험하곤 했다.

이런 나의 그림 감상법이 좋아하는 작가의 그림을 편식하는 태도로 치우치기도 하지만 독자로서 자유스럽게 보고 즐기는 것도 나쁘지 않다는 생각을 에곤 실레의 그림 앞에서 하게 되었다.

레오폴드 미술관에는 에곤 실레 그림이 많이 있었다. 큰 미술관의 공간 대부분이 에곤 실레 그림을 전시하고 있었다. 다른 방에서도 현대미술을 전시하고 있었지만 나는 에곤 실레의 그림을 먼저 찾았다. 솔직히 나의 감성이 이미 에곤 실레에게 집중되어 있으니 다른 화가들의 그림은 봐도 아무런 느낌이 오지 않았다. 느낌도 감동도 안 오는 그림 앞에 서 있기보다는 오로지 에곤 실레 그림만 보고 싶은 욕구가 더 강했다.

미술관에는 그의 왜곡된 몸짓과 왜곡된 모습의 인물화, 체스키크룸로프의 풍경들이 많이 걸려 있었다. 그중에서도 거대한 체스키크룸로프 성을 아주 작은 풍경화로 그려놓은 것이 나는 왠지 재미있었다. 거대한 권력의 그림자 같은 성보다는 일상의 빨래가 널려 있는 풍경, 그리고 체스키크룸로프의 집들과 지붕, 굴뚝을 그린 그림들이 많았다.

체스키크룸로프의 에곤 실레 아트센터 벽에 붙어 있는 자

료에는 에곤 실레가 마을의 성을 그리려고 구상하였지만 완
성을 못했다는 내용이 있었다. 그래서인지 그의 그림에서 체
스키크룸로프 성 그림은 별로 없었던 것 같다.

　레오폴드 미술관에는 에곤 실레의 수많은 스케치가 낱장
으로, 맨 마지막 방 유리벽에 붙여져 있다.

06

에곤 실레의 조력자

30년을 뛰어넘는
우정, 클림트

    에곤 실레는 구스타프 클림트에게 많은 영향을 받았다고 널리 알려져 있다. 에곤 실레가 클림트에게 보낸 편지만 보아도 두 사람이 얼마나 서로를 신뢰하고 있는지 잘 나타나 있다. 물론 당시 에곤 실레는 16살, 클림트는 45살로 선생과 제자처럼 만났지만 클림트는 에곤을 한 명의 화가로서 인정해주었다고 한다. 서로의 그림을 교환하기도 했다고 하는데, 30년의 나이 차이에도 불구하고 서로의 작품관을 이해하며 정신적인 교류를 하게 된 것이다.

모두가 에곤의 그림을 인정해주지 않고 외설스럽다며 비판할 때에도 클림트만은 에곤 실레를 훌륭한 화가로 인정하고 진심으로 응원했다. 개인적으로 내가 가진 클림트의 이미지는 에곤의 그림과 크게 다른 느낌인데, 두 화가가 서로에게 어떤 영향으로 작용했을지 무척 흥미로웠다. 빈의 벨베데레 궁전에서 클림트와 에곤의 그림을 함께 전시한다는 소식에 그 다음 날, 아침 일찍 서둘러서 벨베데레 궁전으로 향했다.

지금까지의 여정에서 느껴보지 못했던 인파로 벨베데레 궁전은 북적이고 있었다. 아마 벨베데레 궁전을 단 한 번도 벗어나본 적이 없다는 클림트의 '키스'를 보기 위해 전 세계에서 몰려든 사람들일 것이다.

미술관을 천천히 둘러보던 중 클림트와 에곤이 동일한 모티브로 그렸으리라 추측을 불러일으키는 그림을 발견했다. 두 아이와 엄마의 그림인데, 배치 또한 나란히 되어 있다.

어머니와 두 아이들, 1909-1910

　　클림트의 그림 속 인물은 모두 잠들어 있는 듯하다. 검정
배경과 검은 옷 사이에 드러난 얼굴은 언뜻 보면 죽어 있는
듯하지만 잘 살펴보면 붉은 입술과 두 볼에 스며 있는 분홍빛
이 곱게 잠들어 있는 것임을 알 수 있다. 그리고 바로 옆 에곤
의 그림에선 색동옷을 입은 아이들이 두 눈을 동그랗게 뜨고
있다. 어머니의 표정엔 어쩐지 피곤한 빛이 감돈다.

어머니와 두 아이들, 1915-1917

에곤은 클림트에게 자신의 솔직한 심정을 풀어놓기도 했다. 클림트와 주고받은 편지에서, 자신을 향한 부정적인 시각과 비판에 대하여 자신은 성적 편집증이 있는 사람은 아니라 하소연하기도 했고 자신이 느끼는 불행과 상처, 어둠을 방랑으로 풀어내지는 않을 것이라 말했다. 세간의 비난 속에서, 에곤이 스스로를 믿을 수 있었던 것은 자신을 인정해준 클림트의 믿음에서 시작되었다고 고백하기도 한다. 클림트는 에곤에게 있어 친구이자 스승이며 아버지 같은 존재였다.

에곤 실레는 클림트의 '키스'를 모티브 삼아 또 하나의 작품을 만들었는데, 바로 '추기경과 수녀'다. 세계에서 가장 에로틱한, 황금빛의 환상적인 분위기를 가진 '키스'와 사회적 금기를 깨고 퇴폐를 꼬집는 '추기경과 수녀'. 여기서도 에곤과 클림트의 대조적인 색채와 특징이 돋보인다.

자신만의 색깔과 자신만의 몸짓, 자신만의 표정을 과감하게 그려낸 에곤 실레. 스스로의 재능을 자랑스럽게 여기던 그의 모습이 떠올랐다.

추기경과 수녀, 또는 애무, 1912

빈에 겨울이 찾아오고, 회색이 짙어진다.

낡은 버스 창밖의 빗방울 몇 개.

에곤은 흐린 날 기차를 타고 파리로 떠나곤 했다.

멀리 보이는 철탑 아래로 회부연 해가 떨어진다.

어딘가에 한없이 기대고 싶은 날.

겨울의 빈은 차겁다.

가끔씩 쥐었다 펴는 길다랗고.

흰

불거진 손가락들.

믿음직한 지지자,
아더 뢰슬러

1909년 12월, 19살 에곤 실레는 친구들과 슈반첸베르크에 있는 피스코 미술관에서 첫 전시회를 열었다. 그리고 이름 없는 젊은 '신예술가 그룹' 전시회에서 아더 뢰슬러를 만나게 된다.

아더 뢰슬러는 젊은 화가들과 새로운 분야를 개척하는 화가들을 찾아 도움을 주는, 그 당시 혁신적인 비평가이자 화상이었다.

피스코 미술관 첫 그룹전에서 그는 에곤 실레에게 높은 관심을 보였다. 그는 말수가 적은 에곤 실레의 눈빛에서 예술적 감수성이 뛰어나다는 것을 직감적으로 알게 되었다고 한다. 또한 시대를 앞서가는 천재적인 기운이 있음을 느끼고 자신의 작업을 끝까지 밀고 나갈 뛰어난 재능을 갖춘 화가라며 많은 사람들 앞에서 극찬을 아끼지 않았다. 그리고 경제적으로 어려운 에곤의 그림을 사주며 다른 화상들에게 소개시켜주는 등 아낌없이 지원해주었다.[1]

아더 뢰슬러는 에곤 실레의 그림에 대해 혹평하는 사람들에게 눈에 보이지 않는 내적인 문제에 대해서 에곤 실레는 뛰어나게 포착하고 있는 대단한 화가라고 적극적으로 옹호하고 대변하였다.

에곤 실레가 죽고 난 후 그의 작품이 세상에 잊혀갈 때도 뢰슬러는 직접 에곤에 대한 책을 저술하여 사람들의 기억 속에서 살려내고자 노력했다. 뢰슬러의 책 곳곳에서 일찍이 천

---

1 박덕흠, 『에곤 실레』, 재원, 2001.

재를 알아본 그가 에곤에게 베푼 인격적 대우를 찾아볼 수 있다. 그리고 그는 에곤 실레가 자기가 필요할 때 아무 때나 자신을 찾아왔다고 회상하였는데, 자신은 에곤 실레의 어떤 말도 잘 들어주었으며, 두 사람은 함께 서재에서 몇 시간이고 책과 그림을 보며 자유롭고 편안한 시간을 보냈다고 한다.

에곤 실레와 아더 뢰슬러는 10년을 함께한 친구이자 조력자로 지냈다. 아더 뢰슬러에게 많은 도움을 받으면서 에곤 실레는 자신의 예술세계의 입지를 더 굳히는 계기가 되었다. 아더 뢰슬러는 유명한 화상이었고 자주 외국에 나갔으며 에곤의 그림을 외부에 적극 소개해주는 조력자였다.

에곤 실레는 아더 뢰슬러에게 편지도 자주 썼다. 예술에 대한 꿈으로 매일 열심히 그림을 그리지만 먹고사는 일을 무시할 수 없다는 현실적인 이야기를 하기도 하고, 스스로를 '영원한 아이'라고 표현하며, 나 영원한 아이는 그림을 그리는 어떤 한 사람으로 남고 싶지 않다는 말을 하기도 했다. 에곤 실레의 가슴속에 끓고 있는 큰 용광로를 그런 식으로 표현한 것이다.

노이즐과의
이별

　미술관 내부의 벽이 붉다. 에곤 실레의 꽈리가 있는 자화상과 노이즐의 인물화가 나란히 걸려 있는 레오폴드 미술관 내부의 벽은 온통 붉은색이었다. 벽의 앞면, 뒷면, 옆면 모두 붉었다.

　크고 붉은 벽면, 두 사람의 얼굴만 그려진 그림 앞에서 나는 오래도록 서 있었다. 그리고 그들의 관계를 다시금 그려본다.

　에곤 실레는 에디트와 결혼함으로써 노이즐과 헤어지게

죽음과 여인, 1915

된다. 노이즐이 떠난 뒤 에곤은 '죽음과 여인'을 그린다. 끊어져버릴 듯 가느다란 팔로 열렬히 남자를 끌어안고 있는 소녀의 모습이 보인다. 두 사람의 공허한 피부와 눈빛은 에곤의 심정을 말해주는 듯하다. 노이즐과의 이별을 죽음에 비유할 만큼 에곤 실레는 큰 상실감을 느꼈던 것이다.

하지만 얼마나 이기적인 사랑의 방식인가.

에디트와 결혼을 약속하고도 노이즐에게 계속 만날 것을 제의했다는 이야기도 있는데, 자신의 소울메이트로서의 노이즐을 떠나보내고 싶지 않았던 것이라 짐작해본다. 적어도 그림을 통해 보여진 에곤 실레의 상실감은 그의 진심일 것이기 때문이다. 이러한 심정을 그린 에곤과 오로지 에곤만을 바라보고 살다 떠난 노이즐의 심정이 중첩되어 왔다.

이후 노이즐의 행적은 한동안 묘연했다. 그녀가 죽었는지 살았는지 아무도 관심이 없었지만, 에곤 실레가 죽은 뒤 그의 예술 세계에서 노이즐이 빼놓을 수 없는 인물임을 알고 노이즐의 행방을 찾은 것이다.

노이즐은 에곤과 헤어진 후 전쟁통의 적십자 간호사로 지원한다. 그리고 1917년, 달마티아 지방 육군병원에서 성홍열로 죽는다.

달마티아는 지금의 크로아티아이다. 발리 노이즐이 죽은 육군병원에서 저 멀리 달마티아의 등대가 보인다. 에곤과 노이즐이 함께 살면서 사랑에 들떠 여행 계획을 세우곤 했던 곳이었다.

함께했던 4년의 시간 이후 노이즐은 단 한 번도 에곤을 만나지 못했다. 하지만 군대에 있던 그녀의 서류에는 보호자로 에곤 실레의 이름이 쓰여 있었다고 한다. 에디트를 선택한 것을 알고도, 노이즐에겐 에곤밖에 없었던 것일까. 노이즐에게 에곤은 오로지 사랑하는 한 사람임과 동시에 가족 같은 존재였던 것 같다.

그녀의 심정을 지금의 나로서는 온전히 이해하기 어렵지만, 그런 노이즐의 삶과 사랑이 여기서 에곤 실레의 자화상과 나란히 놓인 것으로 조금이나마 보상받고 있다는 생각이 들었다.

에곤 실레의 초상화에는 붉은 꽈리의 열매가, 발리 노이즐의 초상화에는 꽈리 줄기와 이파리가 있다. 그리고 바깥을 향해 각각 오른쪽과 왼쪽에 에곤과 노이즐의 서명은, 에곤이 비슷한 시기에 그렸기 때문이라고 한다. 초상화 속에서 눈을 동그랗게 뜨고 있는 노이즐과 에곤의 모습은 왜곡되거나 뒤틀리지 않고 비교적 평온해 보인다.

붉은 벽에 걸려 있는 두 사람의 인물화는 죽은 후에도 여전히 사랑하고 있다고 말하는 것 같았다. 붉은 벽은 에곤과 노이즐의 내면으로 끝없이 흐르는 뜨거운 강물 같은 느낌을 주었다.

발리의 초상, 1912

꽈리열매가 있는 자화상, 1912

07
—
×

화려한 시절과 영원한 몰락

세상에
내보인 그림

에곤 실레는 아버지의 죽음 이후 경제적 궁핍에서 벗어나기 힘들었다. 어머니와 관계가 좋은 것도 아니어서, 어린 시절 에곤 실레를 지원해준 사람은 법적으로 삼촌이었다. 예술 활동을 하면서 간혹 그림이 팔리기도 했지만 그는 아버지를 닮아 씀씀이가 헤픈 편이었다.

에디트와 결혼한 데 경제적인 이유가 작용한 것인지 확신할 순 없으나 그녀의 집안은 확실히 부유했고, 만약 안정적

에곤 실레를 사랑한다면, 한번쯤은 체스키크룸로프

인 생활을 위한 계산이 있었다 해도 두 사람의 결혼생활이 가짜이거나 크게 불행하지는 않았던 것 같다. 결혼 전 에디트의 부모님은 반대가 심했지만 에곤에게 쓰는 편지에서 에디트는 '나는 당신을 믿고 사랑한다. 우리는 좋은 가정을 꾸릴 수 있을 것이다'와 같이 진심을 전하는 내용이 있었다고 한다.

그리고 1915년 6월 17일, 에곤의 부모님이 결혼한 날과 동일한 날 에곤은 에디트와 간소하게 결혼식을 치른다. 당시 1차 세계대전 중이었기에 에곤 실레는 동원령이 떨어지기 전 서둘러 결혼식을 올렸고, 결혼 후 전쟁 동원령으로 프라하로 떠난다.

여기서부터의 행보를 보면 그는 비교적 운이 좋았던 사람인 것 같다. 에디트도 프라하로 함께 떠나 에곤 실레가 복무하는 부대 근처에 머물는데, 전쟁의 열악한 환경 속에서도 그에게 큰 힘이 되어주지 않았을까. 또 부대에서는 자신의 그림을 인정해주는 상관을 만나 작품활동 또한 지속할 수 있게 된다. 에곤의 그림과 사진에 군인이 더러 등장하는 이유도 그러한 까닭에서일 것이다.

에곤 실레는 군대생활을 하면서도 주말이면 에디트와 함께 여행을 다니기도 했다. 그중 체스키크룸로프를 함께 다녀온 기록도 있는데, 노이즐과의 추억이 서려 있는 체스키크룸로프로 떠나던 이때의 에곤은, 노이즐을 까맣게 잊었던 것일까? 어려웠던 시절 자신에게 가장 헌신적이었던 노이즐은 에곤에게 추억일 뿐이었을까.

어쨌든 그는 전시 중에도 멈추지 않고 그림을 그려서 여러 번 전시회를 열었고, 전시회마다 성공적인 성과를 내었다. 에곤 실레는 클림트에 이어서 오스트리아에서 가장 유망한 화가가 된 것이다. 그림은 없어서 못 팔 정도였고, 드로잉이나 미완성의 그림까지 예약하는 사람들이 많았다. 에곤 실레는 몇 년 동안 물감 살 걱정을 안 하게 되었다고 그의 친구에게 은근히 자랑하기도 했다.

죽어가는
에디트

1차세계대전이 끝나갈 무렵, 스페인 독감이 유럽을 휩쓸었다. 1918년 10월, 임신 6개월이던 에디트도 스페인 독감에 걸린다. 에곤 실레가 옆에서 열심히 간호하지만 끝내 에디트는 죽고 만다.

이때 에곤 실레는 태어나지도 않은 아이를 그렸는데, 아이가 태어난 이후의 모습을 앞당겨 상상하여 그린 것이다. 아내와 아이를 감싸고 있는 한 가장의 모습이 있고 아내의 무릎 앞에서 두 눈을 동그랗게 뜨고 놀고 있는 아이의 모습이 보인다. 아내와 아이를 감싸고 있는 모습에서 한 가정의 가장의 모습이 보인다. 에디트에게 임신 소식을 듣고 비로소 한 가정으로서의 탄생을 느낀 것일까.

에곤 실레는 아이와 아내, 자신을 그리면서 한 아이의 아버지, 한 여자의 남편으로서 가정의 안락함을 꿈꾸며 그렸을 것이다. 왠지 따뜻하게 느껴지는 그림으로 다가온다. 태어나지 못한 채 엄마 뱃속에서 죽은 아이는 아버지 에곤 실레로부터 물려받은 사라지지 않은 시간 속에서 매일 태어나고 있다고 느껴졌다.

새 생명의 탄생을 기다리는 에곤 실레의 마음이 아이의 동그란 두 눈동자 속에서 순간순간 태어나고 있다.

슬픔도 희망이라는 메세지를 주면서.

가족, 1918

영원한
에곤 실레의 욕망

에디트의 시신은 그녀가 평소 좋아했던 꽃들로 뒤덮여 있었다고 전해지고 있다. 에곤은 턱이 떨리도록 울었고, 눈물이 말라버린 눈동자는 넋이 나간 듯 보였다고 한다. 에디트가 죽은 지 3일 만에 에곤 실레도 허망하게 죽는다. 그것도 에디트의 어머니, 장모님의 집에서 죽었다. 마지막까지 자신의 어머니에게선 따뜻한 사랑을 못 느끼고 죽은 것이다.

에곤 실레는 자신의 그림에 대해서 누구보다도 자신감이

높았고, 그림에 대한 욕망이 무한했다. 전쟁 중에도 끊임없이 그림을 그리고 전시회를 통해서 유럽의 여러 국가에서 명성을 쌓아갔다. 그러나 갑작스럽게 들이닥친 스페인 독감이 에곤의 가정을, 아내를, 아이를, 끝내는 에곤 실레 자신까지 데려간 것이다.

27살에 생을 마친 천재 화가 에곤 실레. 그는 그 나이에 2,400여 점의 그림을 남겼다. 에곤 실레는 수많은 그림을 통해서 눈도, 코도, 머리카락도 다르고 생각도 다른 사람들을 매일 만난다. 그의 왜곡된 손짓과 툭 튀어나온 광대뼈, 깊은 눈동자는 사라지지 않는 슬픔을 부르고, 잠재우는 것 같다.

두 팔꿈치를 대고 무릎 꿇은 여자, 1917

거센 바람이 창을 때린다.

잠들며, 부딪치며, 마지막 남은 푸른빛.

긴 머리카락이 휘날리고

유리창에 기댄 왼쪽 얼굴이 깊이 잠들어 있다.

상처와 영혼을 어루만지는

약간의 두려움, 짙은 슬픔, 광기의 에너지.

사라지는 이름을 부르며 꽃이 핀다.

광기의
자화상

여성편력이 많았던 화가.

성적인 욕망을 과감하게 그림으로 노출한 화가.

사물을 있는 그대로 그리지 않고 심하게 왜곡시켜서 그리는 화가.

그에 대한 표현은 무성하다. 어쩌면 에곤 실레의 그림이 그만큼 세상의 관심을 끌고 있다는 뜻일 수도 있겠지만, 대부분 에곤 실레의 그림만 보고서 붙여진 피상적인 말이라는 생각이 든다.

에곤 실레는 자신의 자화상을 100여 점 넘게 그렸다. 전형적인 자아도취형이라고 해도 과언이 아니다. 하지만 자아도취가 없다면 자신만의 색깔을 세상 끝까지 밀고 나아갈 수 없다고 여겨진다. 자기 자신을 열심히 관찰하고, 끝없이 들여다보는 자기탐구의 결과이다.

많은 예술가들이 자신이라는 거울을 통해서 자기정체성을 보여주지만, 여러 각도의 모습을 담은 에곤의 자화상은 새롭고 싶은 집요함과 내면에서 폭발하는 에너지로 보인다. 에곤의 삶을 모르고 그의 그림을 봤을 때와 그의 인생을 어느 정도 읽어내고 봤을 때의 차이는 매우 큰 것 같다. 이제는 심하게 왜곡된 모습을 담고 있는 에곤 실레의 그림도 그의 한 부분이라는 것을 자연스럽게 이해하게 되었다.

그는 스스로를 끝없이 실험하고 있음을 자화상을 통해서 말해주고 있다. 에곤 실레라는 존재가 사라지고 새로운 에곤 실레가 수없이 탄생할 때까지 다양한 모습을 보여주지만, 갈수록 자신의 내부에 쌓인 알 수 없는 감정이 증폭되어 더 왜곡된 모습으로 나타나는 것이다.

어떤 자화상은 툭 튀어나온 광대뼈와 어깨 뼈, 손가락의 뼈로 이루어진 것 같다. 그런 자화상은 뼈로 만들어진 사람 같기도 하다. 자신의 이중성을 두 사람으로 표현하기도 하고, 불쑥 튀어나온 눈동자에 핏발까지 들어 있어 약간의 두려움이 느껴지기도 하지만 그 안을 들여다보면 짙은 슬픔이 배어 있기도 하다.

감당할 수 없는 슬픔과 억압들이 끝없이 솟아나 에곤 실레로 하여금 수많은 그림을 그리게 하고, 수많은 자신의 모습을 그렸던 것일까. 아마도 그랬을 것이다. 내부에서 끓어오르는 용암의 분출처럼, 끝없이 그릴 수 있었을 것이다. 사랑을 나누다가도 그림을 그렸던 그가 멈추지 않고 그림을 그리게 된 것은 그의 내면에서 불타고 있는 광기의 에너지라고 생각된다. 결코 멈출 수 없는 에너지를 오로지 그림을 그리는 데 다 썼던 것이다.

이러한 에곤 실레의 자화상은 사람에게 상처 받은 모습, 상처를 낱낱이 파헤쳐가는 괴기스런 모습, 또는 상처를 극복하고 자신감에 넘치는 모습, 표범의 눈에 가시가 찔려 곪고 있는 듯한 형상 등 다양한 모습들이다.

그러나 에곤 실레가 직접 쓴 시를 보면 또 다른 면모를 볼 수 있다. 그가 쓴 시에서는 비교적 담담하게 자신의 모습을 스케치하듯 써내려가고 있다.

에곤 실레와 가깝게 지낸 아더 뢰슬러의 말에 빌리면 에곤은 겸손한 사람이라고, 부끄러움을 몹시 많이 타는 동시에 내면에 놀라운 지혜가 깃든 사람이라고 하였다.

에곤 실레의 실제 모습과 그가 스스로를 직접 표현한 에곤 실레의 모습에서는 차이가 있지만, 그 모든 게 그를 말해준다. 인간으로서의 에곤 실레는 아더 뢰슬러의 말처럼 겸손하고 소심한 사람이었을지 모르나 적어도 예술가로서의 에곤 실레는 형식에서 탈피한 자신의 저항성에 늘 당당했고 자신을 사랑했다.

'이 세상에는 셀 수 없이 많은 훌륭한 사람과 앞으로 훌륭하게 될 사람들이 있겠지요. 그렇지만 나는 나의 훌륭함이 마

음에 듭니다.'[2]

당시 신예술그룹 멤버이자 동생 게이티 실레와 결혼한 안톤에게 보낸 편지에서 예술가로서의 자신감을 내보이고 있다. 이러한 자신감이 에곤 실레가 자신의 방식을 신념화하는 토대가 되었을 것이다.

'나는 현대예술이라는 것은 존재하지 않는다고 믿는다.

나는 영원한 예술만이 존재할 뿐이라 믿는다.'

100년이 지난 지금도 예술을 하는 많은 이들에게 경종을 울리는 말이다.

---

2 구로이 센지, 김은주 역,『에곤 실레, 벌거벗은 영혼』, 다빈치, 2003.

다시 돌아온 체스키크룸로프.

성벽의 언덕길을 거니는 발끝에 어둠이 내린다.

나뭇가지 사이에 남아 있는 저녁빛과

돌길을 지나는 낡은 자전거 하나

어둠 속에 묻힌다.

100년 전 사그라든 누군가의 숨결이

자전거 바퀴처럼 골목을 돈다.

캄캄한 하늘에서 내려오는

별처럼

성벽길을 오른다.

어둠이 깊어진다.

날카로운 빈 가지 끝이 안 보이는

공중을 혼자 뚫고 있다.

08

—

에곤 실레의 100년 전 집을 찾다

에곤 실레와 거니는
성벽의 뒷길

집을 나서는데 눈 쌓인 산 위로 해가 떠 있었다. 다시 돌아온 체스키크룸로프는 겨울의 끝자락 속에서 눈을 맞이하고 있었다. 아파트 바로 뒤 작은 호수에는 밤새 내린 눈이 소복하게 쌓여 있다. 강아지와 주인은 아침 일찍 산책을 하고 있다. 나도 호숫가를 돌았다. 뽀드득뽀드득 소리를 들으며 고요한 눈길을 천천히 걸었다. 40분 만에 세 바퀴를 돌았다.

오늘은 가지 않았던 골목을 걸었다. 빈 나뭇가지 사이로 겨울 햇살이 파고들었다. 에곤 실레와 함께 조용한 길을 걷고 있다는 생각이 들었다. 내가 모르는 마을의 길들을 에곤 실레가 안내해주는 기분이 들었다. 아니, 어쩌면 내가 에곤 실레에게 체스키크룸로프의 마을은 그때와 크게 변한 것이 없다고, 내가 안내하고 있다는 생각이 들기도 했다.

체스키크룸로프는 1800년대의 모습을 그대로 간직한 아름다운 마을로 알려지기 시작했다. 아직 여행지로 개발되지 않은 이 마을에 수많은 여행자들이 찾아들었고, 술에 취해 고성방가를 부르거나 집집마다 다니며 하룻밤 재워달라고 문을 두드리는 통에 주민들은 하나둘 마을을 떠나갔다.

떠나간 사람도 있고 마을 바로 옆에 새로운 집을 지어서 살게 된 사람도 있다. 1800년대의 집들이 고스란히 있는 마을을 구시가지라고 부르고 있었다. 돌다리 가운데는 햇볕에 눈이 녹아서 번들거린다. 다리 아래는 오리들이 한가하게 강물 위에 떠 있다.

다리를 지나가면 처음에는 낡은 집들이 나온다. 이것은 주민들이 사람이 안 사는 빈집인 것처럼 연출해놓은 것이다. 여행자들이 이곳으로 들어왔다가 빈집이네, 하고 돌아가기를 바라는 마음으로, 일부러 허물어져가는 벽에 낙서까지 해놓은 것이라고 한다. 빈 집의 벽마다 낙서와 괴기스런 그림들이 그려져 있었다. 허물어진 벽과 창고, 깨진 유리문 안에서 귀신이라도 나올 것 같았다. 나는 천천히 층계를 올라갔다. 언덕 위에서 보이는 블타바강의 강물은 아름다웠다. 눈 덮인 구시가지도 그림처럼 보였다. 우뚝 솟아 있는 체스키크룸로프의 성도 잘 보였다.

에곤 실레가 살았던 옛집은 어디쯤에 있을까? 성에서 멀리 떨어진 곳에 있을까, 강가에 있다고 했는데 여기서는 알 수가 없었다.

그의 옛집을 매번 혼자서 짐작하고 찾다가 번번히 실패하고 돌아오곤 했다. 다시 찾고 싶은 생각들과 함께 물 위에 떠다니는 물오리들을 따라가고 있다. 어제보다 더 많아 보이는 오리들은 왠지 에곤 실레가 살았던 집을 알 것만 같다. 이곳에서 보면 멀리 보이는 산이 가깝게 보이고, 여름이면 울창한 나무속에서 새들이 지저귀며 날아다닐 것 같다. 에곤 실레가 이곳에 처음 왔을 때, 그는 오래된 이 마을을 감싸고 있는 푸른 숲에 반했다고 한다. 이곳에서 살고 싶어 했던 에곤 실레는 발리 노이즐과 집을 구해 생활을 시작했다. 비록 어린아이들을 누드로 그렸다는 오해를 받고 마을에서 쫓겨났지만, 에곤 실레는 이곳을 떠난 뒤에도 다시 체스키크룸로프로 오고 싶어 했다.

에곤 실레는 전나무숲과 나무숲 사이로 난 길들을 특히 좋아했다고 한다. 눈이 녹거나 비가 와서 나뭇잎이 쌓인 침수된 길을 걷는 그의 마른 모습을 상상하면서 오래된 성벽 뒷길을 걸었다. 오고 가는 사람들도 없다. 높고 큰 나무 사이에서 떨어지는 하늘의 색깔은 짙고 그 위에 떠 있는 흰 구름이 가까이 오고 있다. 푸르고 빈 가지 사이에서 내려오는 찬 공기에 에곤 실레의 기운이 묻어 있는 것 같다. 마른 줄기와 초록의 아이비덩굴이 천년이 지난 성벽을 감고 간다. 에곤 실레가 마을을 감싸고 있는 숲을 바라보면서 산책했을 응달진 뒷길은 고요하다.

멀리 보이는 겨울 숲에 에곤의 짙은 초록이 보이는 듯하다. 숲에서 뿜어내는 짙은 색상과 나무 사이로 비치는 푸른 하늘색은 그의 외로운 영혼에 휴식이 되었을 것이다.

성벽을 지나자 낡은 집들이 다시 이어지고 있다. 어느 집 마당의 녹슨 TV 안테나가 나뭇가지들과 함께 함께 서 있다. 그 사이로 걸려 있는 겨울은 새파랗다.

에곤 실레의 집은 이곳에서 멀리 있을 것 같다. 여기서는 강물 소리가 들리지 않는다.

평화로운
검은 강가의 작업실

비가 오는 날이다. 조금씩 굵은 빗방울로 변해간다. 오늘은 에곤 실레의 옛집 작업실이 있었던 곳으로 가기 위해 평소보다 일찍 움직였다. 지도를 보자 대충 짐작이 갔다. 비투스 성당과도 멀고 이발사 다리에서도 떨어져 있는 곳, 내가 있는 아파트에서 가까운 거리에 있는 것 같았다.

강가로 내려갔다. 또 다른 길이었다. 굽이굽이 돌아가는 강가로 집들이 있고 집들 사이로 골목이 시작되고 또 다른 골목으로 이어지는 마을이다. 40여 일 이 마을의 골목과 강가를 매일같이 걸었지만 이렇게 골목 안쪽 깊은 곳까지 오는 것은 처음이었다. 어떤 곳은 블타바강 바닥의 돌멩이가 보일 정도로 얕은 곳도 있고 깊어서 검푸른 물살이 넘실거리는 곳도 있었다. 에곤 실레의 작업실로 가는 강줄기의 물살은 다른 곳보다 깊어 보였다. 바로 눈앞에 보이는 다리를 건너면 그의 집이 있을 것 같아서 반가운 마음이 들었다.

에곤 실레의 작업실이라고 생각한 곳에 도착했다. 그러나 에곤의 흔적을 찾아볼 수 있는 것은 어디에도 없었다. 지도를 들고 사람들에게 물었지만 모두들 에곤 실레 아트센터를 알려주었다. 심지어 어떤 할아버지는 나를 에곤 실레 아트센터 앞까지 데려다주기까지 했다. 할 수 없이 인포메이션으로 가보니 내가 처음 짐작한 그 근처라고 알려주었다.

겨울의 끝자락에 오는 비는 뼛속까지 춥게 한다. 여길까, 저길까, 빗속을 3시간째 헤매고 다녔다. 하지만 에곤 실레의 옛집을 꼭 한 번은 찾아야 할 것 같아서 처음의 자리로 돌아갔다. 다시 길을 물으니 언덕 아래 강가로 무조건 내려가라고 한다. 나는 길을 따라 작은 층계가 보이는 곳으로 가서 미로 같은 작은 계단을 타고 내려갔다. 파란 문이 눈에 띄었다. 그렇게 찾던 에곤 실레의 집이었다.

생각보다 작은 집이었고 동네 한가운데가 아닌 강물이 흐르는 외진 강가에 있었다. 하지만 집이 작아서가 아니라, 잘 정돈된 집에서는 에곤 실레의 냄새를 느낄 수가 없었다. 정돈된 계단과 정돈된 화단과 나무의자에서는 에곤의 냄새는 없었다. 에곤 실레 아트센터에 남아 있는 기록에 의하면 에곤은 1911년에 이곳에서 살았다. 여름에는 꽃들이 만발했고 아름다운 테라스가 있었고 바로 앞에는 블타바강이 넘실거리는 지극히 평화롭고 아름다운 곳이었다고 기록되어 있었다. 바로 이 작업실에서 에곤 실레는 이곳에 방문한 아이들이나 노인들, 은퇴한 병사도 그리고 어린 소녀도 그렸다.

100년이 넘은 이곳은 에곤의 흔적보다도 블타바 강물이 굽이굽이 흘러가고 있었다. 강가에는 커다란 나무들이 많았다. 에곤 실레가 살았던 시절에도 있었던 나무들일까, 에곤의 집 앞에서 많은 세월을 견디며 살고 있는 나무를 만져보았다. 앉아 있던 겨울새 몇 마리가 날아간다.

에곤의 작업실에는 지난 가을부터 피어 있었을 국화가 작은 얼굴을 달고 그대로 멈추어 있다. 눈과 비를 맞고 진한 갈색으로. 바로 앞마당에는 클로버 잔디가 깔려 있었다. 찬바람 속에서도 푸른 이파리에 작은 흰 꽃을 매달고 있었다. 에곤 실레의 짧은 생애처럼 빨리 피고 빨리 지는 것일까. 집 창문에도 네잎 클로버 잎이 장식되어 있었다. 그림으로 그려놓은 클로버는 어느 소녀의 방 창문에 장식해놓은 것 같은 느낌이 든다. 가장 모던하고 시대를 앞서간 예술가와는 왠지 어울리지 않아서 에곤의 옛 흔적에서 어떤 정취를 기대했던 나는 혼자 쓸쓸해진다.

크고 작은 돌로 만들어놓은 담벼락 사이에 파란 문 하나가 서 있다. 돌 틈에 혼자 서 있는 파란 문이 그나마 에곤 실레를 가장 닮아 보였다.

다시 찾아간
에곤 실레의 작업실

오늘도 나의 발길은 에곤 실레의 작업실로 가고 있었다. 작업실로 향할 때면 에곤 실레에게 그림을 배우거나, 그림을 그리고 있는 에곤을 창문 너머로 구경하러 가는 기분이 들었다.

비가 오지는 않지만 몹시 추운 날씨다. 이곳은 벌써 꽃샘추위가 시작된 것 같다. 매서운 찬 공기 속에서도 마당의 흙을 뚫고 올라오는 푸른 잎들이 보인다. 그러다 문득 돌로 된 담벼락에 담쟁이 줄기가 뻗어 있는 것을 발견했다. 레오폴드 미

에곤 실레를 사랑한다면, 한번쯤은 체스키크룸로프

술관에서 봤던 에곤 실레의 나무 그림이 떠올랐다. 회색의 바위벽에 서 있는 나무와 많이 닮아 있다는 생각이 들었다. 실핏줄처럼 뻗어 나와 바위벽이나 담을 타고 살아가는 뿌리를 생각하게 한다. 또한 혼자 겨울을 견디고 있는 담쟁이의 줄기에선 '죽음과 여인'의 그림도 떠올랐다. 에곤과 노이즐의 사랑이 끝났지만 죽음처럼 서로를 붙들고 있는 모습은 쓸쓸한 겨울에 매달려 있는 가느다란 줄기와 닮아 보였다. 이곳의 나무는 나무대로 마당을 덮고 있는 검은 흙 알갱이도, 돌 틈에 있는 파란 문도 모두 에곤을 기억하기 위해 있는 것 같았다.

에곤 실레의 집은 들어갈 수 없게 굳게 잠겨 있지만 지붕 모양으로 봐서는 다락이 있어 보였다. 집을 둘러싼 층계를 따라 지붕 근처로 올라가면, 지붕 속에 있는 다락에서, 지붕 위의 굴뚝에서도 강물 흐르는 소리가 났다.

에곤 실레의 집 근처에는 집이 없다. 그저 마른 풀들이 덮여 있을 뿐이다. 그림에 몰두하기 위해 일부러 한적한 곳을 선택한 것이 아닐까 싶을 정도로, 막다름 끝에 위치한 듯한 집이다. 에곤의 집 외에는 집도, 길도 없는 것이다.

다행이란 생각이 들었다. 예술의 맨앞 극단에 서서 오로지 자신의 예술만을 위하여 살았던 막다름이 에곤과 닮아 보였다.

넓은 마당 앞으로 강물만 세차게 흘러가고 있다.

체코의 오래된 마을에서
에곤 실레를 만났던 시간

겨울밤은 길었다. 지난 글들을 정리하면서도 매일 일기를 썼다. 하루 이틀 지나면서 나의 글쓰기는 서서히 에곤으로 바뀌고 있었다. 내 의지와 상관없는 일이었다.

체스키에서 지내는 시간 내내 나는 에곤과 함께 살고 있는 듯했다. 자주 들르곤 했던 '에곤 실레 아트센터'. 에곤의 생애를 요약한 깨알 같은 글씨들을, 번역기의 도움으로 한 자 한 자 더듬어가며 읽곤 했다. 에곤 실레가 들려주는 이야기를 한 문장씩 받아 적는 느낌이 들기도 했다.

그간 책이나 그림에서 드물게 만났을 뿐인데도 이곳 체스키크룸로프에 머물면서 만나는 에곤 실레의 모습은 왠지 낯설지가 않았다. 자신의 상처를 예술로 승화시키며 마지막 순간까지 스스로를 연소시킨 에곤 실레, 나는 체스키크룸로프에서 어느 한 시대를 살다 간 천재를 알게 되었다기보다는 인간에게 남겨진 상처의 힘을 만난 것 같다. 뒤틀린 뼈와 툭 튀어나온 눈동자 속, 죽음의 빛깔이 깃든 에곤의 그림들. 그 안에 잘 보이지 않는 생명의 온기를 발견하기도 했다. 그의 삶은 곧 그림이었고, 나는 그것을 정면으로 바라보았다.

어느덧 새벽 4시, 내가 가장 좋아하는 시간이다. 몹시 어두운 이 시간엔 멀리서 지나가는 자동차 소리와 고양이 울음소리도 선명하게 들린다. 창문에 붙어 있던 작은 이파리가 떨어지는 소리까지 들리는 듯한 새벽은 다시 고요함을 부른다. 그러나 폭발할 것 같은 에너지가 그 안에 멈춰 있음을 자주 느낀다. 어둠 속에 서 있는 에곤처럼, 혼자 찾아오는 발자국 소리처럼.

내 안에 깊게 남아 있는 에곤의 온기는 다음 여정을 꿈꾸게 하고 있다. 그러나 크게 계획하거나 기대하지 않는다. 나의 시간은 예측했던 것보다 예측하지 않은 곳에서 뜻하지 않은 만남을 이루어지게 하였다. 깊은 산골에 있는 작은 마을에서 한겨울을 보낸 이 시간은 이제 다른 시간이 되어 올 것이라 믿게 한다.